花园软装
设计

凤凰空间 编

江苏凤凰美术出版社

图书在版编目（CIP）数据

花园软装设计 / 凤凰空间编 . -- 南京：江苏凤凰
美术出版社 , 2022.7
ISBN 978-7-5741-0073-2

Ⅰ . ①花… Ⅱ . ①凤… Ⅲ . ①花园—园林设计 Ⅳ .
① TU986.2

中国版本图书馆 CIP 数据核字 (2022) 第 102349 号

出版统筹　王林军
策划编辑　艾思奇　段建姣　宋　君
责任编辑　韩　冰
特邀编辑　宋　君
装帧设计　张仅宜
责任校对　刘九零
责任监印　唐　虎

书　　名　花园软装设计
编　　者　凤凰空间
出版发行　江苏凤凰美术出版社（南京市湖南路1号　邮编：210009）
总 经 销　天津凤凰空间文化传媒有限公司
总经销网址　http : //www.ifengspace.cn
印　　刷　天津久佳雅创印刷有限公司
开　　本　787mm×1092mm　1/16
印　　张　10
版　　次　2022年7月第1版　2022年7月第1次印刷
标准书号　ISBN 978-7-5741-0073-2
定　　价　78.00元

营销部电话　025-68155792　营销部地址　南京市湖南路1号
江苏凤凰美术出版社图书凡印装错误可向承印厂调换

目录

第 **5** 章
案例赏析

第 **1** 章

花园软装概述

第一节 花园软装的概念

1943 年，美国心理学家亚伯拉罕·马斯洛（Abraham H. Maslow）在其论文《人类激励理论》中提出了对后世影响深厚的马斯洛需求层次理论，被广泛用于各个不同的领域。在马斯洛需求层次理论中，他将人类需求像阶梯一样从低到高按层次分为五种，分别是：生理需求（Physiological needs）、安全需求（Safety needs）、爱和归属感（Love and belonging）、尊重（Esteem）和自我实现（Self-actualization）。

这套理论同样可以迁移到人们对于居住环境的追求层面：随着经济发展与生活水平的提高，居有其屋的人们在满足了基本的生理需求、安全需求之后，开始将目光投向更高层次的爱和归属感、尊重以及自我实现，亦即生活居住品质的提升。这种追求催生了与现代人居环境相关的一系列学科，诸如景观设计、建筑设计、室内设计，等等。人们重视居住内部环境空间的摆设、布置，继而将需求范围扩大到花园景观的营造装饰方面，于是设计领域中一个新的概念出现了，这就是"花园软装"。

第二节　从室内软装到花园软装

"软装"一词，更多地用于室内设计领域，涉及整体环境、空间美学、陈设艺术、生活功能、材质风格乃至居室风水等多种复杂元素，室内的软装设计以家具、装饰画、陶瓷、花艺绿植、布艺、灯饰及其他装饰摆件为主。每一个区域、每一种产品都是整体环境的有机组成部分，在商业空间环境与居住空间环境中所有可移动的元素统称软装，也可称为软装修、软装饰。室内软装范畴包括家庭住宅、商业空间（酒店、会所、餐厅、酒吧、办公空间等），可以说覆盖到任何有人类活动的室内空间。

但如果在这个原本用于室内的概念前面加上"花园"的前缀，指的又是什么呢？"花园软装"这一概念显然与室内范畴的软装概念有所不同，它指的是在花园空间之中，对一个场景或者一片区域所设计的软装饰，旨在营造更为舒适、更高品质的室外景观空间。

人居环境设计从室内到花园，顺应的是人们居住活动空间从室内到花园的回归趋势。从花园到室内，是人类居住历史上的一大变革，它让人们得以不受自然环境的制约，有了更舒适宜人的居住空间；而从室内到花园，体现的则是一种亲近自然的本性追求，也是人们生活理念的进一步提升。

花园软装需求的产生使得花园软装设计逐渐普及，刺激了相关行业的发展，对设计行业从业人员也提出了新的要求。

第三节　花园软装的设计范畴

花园软装目前在国内的研究状况主要集中在户外家具的研究，对其软装配置较少涉及，事实上，除了户外家具之外，花卉绿植、水景、石景、灯饰等都属于花园软装的范围。简单地概括为：除了固定的、不可动的装饰，其他一切可移动的装饰物都可归结于它的范畴。

首先是最为常见的户外家具。户外家具是花园软装中最常用的软装类装饰，它包括一些休闲沙发、茶几、休闲餐桌、休闲椅等。一般而言，户外家具的选择是根据花园整体环境来定的，色彩和造型上也更多地满足对花园项目环境的需求。例如在花园游泳池旁边，花园软装设计师会根据游泳池的环境情况来搭配一些户外家具（如休闲躺椅、休闲餐桌等），供人们玩乐之后进行相对应功能的使用——累了可以躺在躺椅上休闲，口渴了可以在餐桌旁畅饮。

其次是遮阳系列，包括遮阳伞和遮阳篷，甚至一些树冠宽大的遮阴树种都可以归结于此类。在花园的软装工程中，由于日晒雨淋等不可控的天气因素，自然少不了遮阳伞与遮阳篷，这样人们才能顺利舒适地享受户外景观空间。另一方面，这些设施还可以起到一定的景观装饰作用。

当然，在花园景观空间的营造方面，花卉绿植与各种景观小品肯定是极为重要的元素。花园景观相对于室内景观的主要亮点本就是对于自然元素的亲近，花园种植的花卉草木可以让人们心情愉悦、充满享受。雕塑装饰品常见的有人物雕塑、抽象雕塑以及动物雕塑，置于一定的场景中可以起到点缀作用。

总的来说，花园软装设计所包含的范畴就是上面所介绍的这些。当然，这些元素并非机械地拼贴堆砌在一个空间里，而是彼此之间都发生着紧密的联系，通过设计师的整理进行有机配置、有机协调。

第 **2** 章

花园软装设计要点

第一节 设计原则

一、整体统一

对花园来讲，整体统一的要求包括三个方面：

第一，花园应与周边环境协调一致，"俗则屏之，嘉则收之"；

第二，花园软装设计应与周边建筑浑然一体，与室内装饰风格互为延伸；

第三，园内各组成部分有机相连，过渡自然。

二、视觉平衡

花园各构成要素的位置、形状、比例和质感在视觉上要适宜，以取得"平衡"，且需要考虑不同视角的观赏效果。花园设计中可以充分利用人的视觉错觉，像远处的景物会比近处的稍小，让花园在视觉上加强纵深感。

三、景观动感

景观节点丰富的花园可以引导人们的视线往返穿梭，从而形成动感，除坐观式的日式禅境花园外，几乎所有花园都应在这一点上做文章。动感取决于花园的形状和垂直要素（如绿篱、墙壁和植被）。如正方形和圆形区域是静态的给人宁静感，适合设为座椅区；两边有高隔的狭长区域让人急步趋前，有神秘性和强烈的动感。不同区域的平衡组合，能调节出各种节奏的动感，使花园独具魅力。

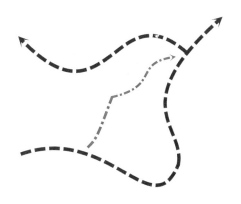

四、色彩搭配

色彩的冷暖感会影响心理空间的大小、远近、轻重等。随着距离变远，物体固有的色彩会深者变浅淡、亮者变灰暗，色相会偏冷偏青。由此反推，暖而亮的色彩则有拉近距离的作用，冷而暗的色彩有收缩距离的作用。花园设计中应把暖而亮的元素设计在近处，冷而暗的元素布置在远处。

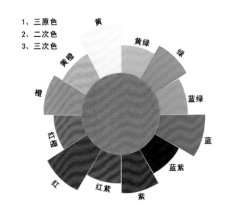

第二节　花园空间布局

一、花园空间布局形状

　　一般花园的形状分为：三角形、正方形、长方形、"L"形、环绕住宅形。根据不同的形状、不同的业主要求，花园可规划成以下几种不同的风格：欧式花园（规则式的古典花园）、中式花园（自然式的花园）、日式花园（枯山水禅境式的花园）、现代花园（简洁干净、舒适实用的花园）、东南亚花园（热带园林景观花园）、美式花园（简练随意、自然淳朴的花园）。

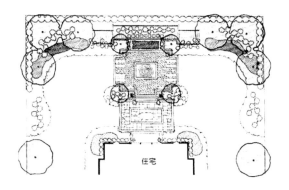

1. 规划式花园布局

2. 圆形花园布局

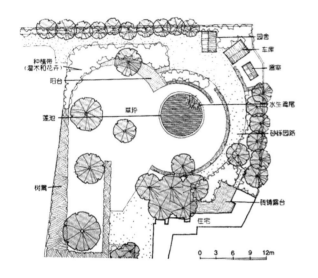

3. 方形花园布局

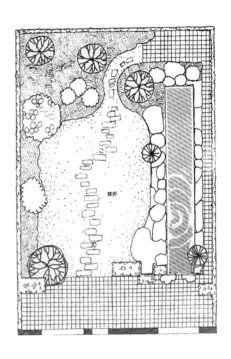

4. 圆形与方形结合的花园布局

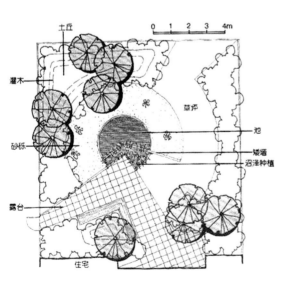

5. 三角形花园布局

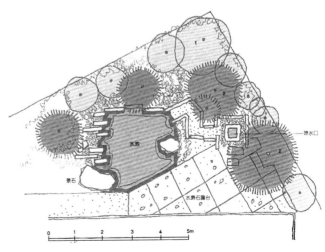

二、花园功能分区

花园软装，说到底是对于户外空间环境的设计装饰，最主要的设计对象就是人们日常接触到的生活花园。从功能上来看，花园一般可以分为前庭、主庭及通道三个区域。前庭属于公开区，指的是从大门到房门之间的区域，这是花园景观给外来访客带来第一印象的区域，也是花园主人每天归家入户的体验场所；主庭则偏向于私密空间的属性，是指紧挨起居室、会客厅、书房或者餐厅等室内空间的花园区域，一般是住宅花园中最主体的一个区域，也是大部分户外活动的实施场所；而通道就是花园中连接各部分功能区域的廊道、园路或者线形的区域，既作为道路串联起花园的空间，同时也具有一定的观赏价值。这三部分区域对于一个花园的整体景观都非常重要。

首先是前庭，这一部分的景观是整个花园的"门面"，它体现的是花园拥有者的对外形象，审美水平、风格倾向乃至性情志趣都可从前庭略见一斑。它带给人们的感觉可能是素雅静谧的，可能是热情好客的，可能是一丝不苟的，也可能是自然随性的。这些都可以从前庭的景观设计之中感受得到。

作为花园主体的主庭更是景观设计中的重要区域。这里是人们进行户外活动的主要空间，休闲、游乐、聚会等各项活动都在这里发生，所以更加需要考虑通过花园软装设计营造充满温馨感觉的户外空间，包括植物的选择和栽种、户外暖炉的放置、照明灯光的设置等。

在进行具体花园软装设计的时候，各种细节总有其特殊之处，然而花园格局的设计风格与设计法则却是有章可循的，设计师深入了解这部分的内容将对花园软装设计的过程大有裨益。

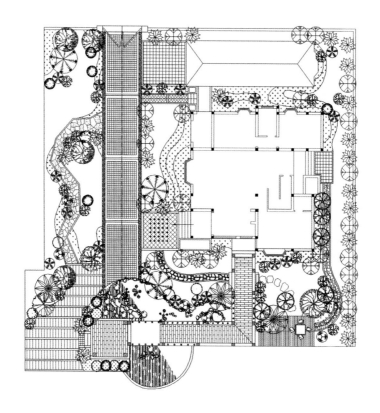

第三节 花园风格简析

一、欧式花园

欧式花园基本上是规则式的古典花园，线条清晰的各种几何图案营造出一种庄严雄伟的花园氛围，激发人们的想象。

欧式花园的主要元素包括：修剪整齐的灌木和纪念喷泉，一些通常靠水压运转的自由奔放的景观，一些装饰性建筑，如柱廊、园亭、凉亭、观景楼、方尖石塔、装饰景墙、活动长椅等，还有许多小景物，如雕像、壁龛、日晷、小鸟戏水盆等。在地势起伏的园子中，如意大利风格花园，常常设置梯级平台、户外阶梯、扶栏等。

二、中式花园

中式花园崇尚自然，提倡在有限的空间范围内利用既有条件，模拟大自然中的美景，把建筑、山水、植物有机地融为一体，使自然美和人工美统一起来，"虽由人作，宛自天开"，创造出整体协调共生、天人合一的共同体。

中式花园有三大流派：北方的四合院庭院、江南的写意山水园林、岭南园林。典型的中式园林风格特征，设计手法往往是在四合院庭院、江南园林或岭南园林设计的基础上，因地制宜进行取舍融合，呈现出一种曲折转合、溪山环绕的格局，其中亭台廊榭巧妙映衬、山石林荫趣味渲染。

在构图上中式花园以曲线为主，讲究曲径通幽、藏风聚气，避免一览无余。建筑以木质的亭台、廊架、水榭为主，月洞门、花格窗等景致起到阻隔、引导或者分割视线和游径的作用。花园中植物有着明确的寓意和严格的要求，如屋后栽竹，庭前植桂，阶前梧桐，转角芭蕉，花坛牡丹、芍药，水池荷花、睡莲。点景则用翠竹、石笋，小品多用石桌椅、观赏石，等等。

三、日式花园

日式花园吸收中国花园风格后自成一个系统，对自然高度概括和精练，成为写意的"枯山水"。

花园内不将灌木或多年生植物限制在花坛之内，营造出葳蕤的效果，而实际采用的植物数量并不多，乔灌木的位置都经刻意安排。花园以针叶乔木和常

绿灌木为主要绿色背景。

在日式花园之中，合适的植物、石头、水、灯光、沙砾是必不可少的，如石灯笼、旧磨石、竹管流水等。花园地面除了植被外，就是各种卵石和碎石。碎石铺成的蜿蜒小道，虽然只是很小的一段，但是总能让人感觉到一种悠远的意境。沙砾在日式花园中主要模仿海面波纹和水纹来铺设，能给人大海的冥想。另一方面，沙砾还有避免黄土飞扬、杂草丛生的作用。石灯笼是日式花园景观设计中不可或缺的点缀景物，不仅能用来衬托景致又可当作路灯照明，周围配上小树和蕨类植物更能增添花园的风情。

四、现代花园

现代花园追求简洁明快的设计理念，避免烦琐、过度的设计，以适应快节奏的现代生活。它讲究实用性与功能性，将原材料、色彩等设计元素尽可能简化，但同时也对这些元素的质感有一个较高的要求。色彩一般以黑、白、灰等冷色调为主，灯光则选择暖色调。装饰元素讲究造型比例、大小合适，一般采用新型的材质。摆放实用性强、具有现代感的桌椅，能够打造出简洁干净而又舒适实用的花园空间。花园中经常运用高大、狭长的线条来同低矮、具有雕塑风格的植物达到视觉上的平衡，可选用棕榈科植物、小叶女贞、彩叶草等。

五、东南亚花园

东南亚花园建设充分利用当地材料，从植物到桌椅等户外家具，以及铺装用的石材等都取材于当地，不仅容易表现出地域特色，也强调了简朴、舒适的度假风情。无论是对于花园景观的艺术表达还是体现质朴、闲适的生活气息都能丝丝入扣、恰如其分。清凉的藤椅、泰丝抱枕、精致的木雕、造型逼真的佛手、妩媚的纱幔等花园软装都是营造东南亚风格的点睛之笔。

六、美式花园

美式风格是自由主义的体现，它的空间规划不拘一格，力求在有限的空间里，创造出一个步移景异、观之不尽、自然淳朴而又环境舒适的高品质花园。

美式风格适合面积比较大的花园，色调主要是绿色、土褐色等自然的色彩，展示出朴实却悠闲舒适的乡村生活，因此经常会运用绿植、原木、竹藤等质朴的材料去营造自然景观。花园一般种植整洁规整的大草坪，看起来充满自由的气息，但是也兼具舒适度和实用性。

第 3 章

花园休闲空间的营造

经过软装设计的花园空间，是人们室内活动空间的延续，给人们平时的休憩游乐带来了更多的可能性。试想一下，在花草丛之中、水石景之畔，有一块专门用于休憩、用餐和招待亲友的场地，孩子们在这里玩耍，各种花草蔬果在这里茂盛生长，而你也可以坐在这里处理一些闲杂事，一切都是如此的美好。这是一个休闲运动之处，也是一个安静冥思之所。

这样一个多功能的空间，是值得用心营造的。既然想要享受花园空间带来的乐趣，那么你也得适当了解花园软装的设计手法和要点，根据自己的需求，营造出适合自己乃至属于自己量身定制的私享空间。假如你希望在这里安安静静地享受大自然的美好景致，那就需要布置更多的自然式景观，花草、藤蔓、灌木、大树、木栈道、山石流水乃至木质或仿木的庭院家具，这些元素都是值得一用的；又或许你喜欢现代简洁的生活方式，泳池、藤椅、沙发、壁炉、喷泉等元素可能更容易得到你的青睐；有的人更偏好花园美食，那么烧烤炉、餐桌、餐台等装置就极为重要了。

总之，这是一个充满可能的花园休闲空间，想想它所带来的舒适，会使得设计营造它的过程也变得充满乐趣。

第一节　休闲区

休憩静思，是花园空间的主要功能之一，这一功能的实现依赖于完善的花园休憩设施和良好的花园景观环境。

一、户外休闲桌椅

户外休闲桌椅种类繁多，如：藤编铝合金桌椅、铸铁铸铝桌椅、实木防腐桌椅等。户外休闲桌椅虽然都有着防腐以及防锈等功能，但这些功能不是天生的，要想让它们长久发挥作用，还得靠平日的保养和爱护。保养不仅让休闲桌椅长久光洁如新，还能延长使用寿命。户外休闲桌椅的造型设计应该更加注重人们的内心感受，多以流线、圆弧、树叶以及花卉等造型为主题，给人以亲近自然的感觉，赋予了户外家具一种如诗般的美妙。它的设计原则以符合人体曲线与自身材质属性为两大基准点，整体造型的流畅与韵律，让身体与心灵能够完美贴合，在使用的过程之中实现身心的愉悦。

二、户外遮阳设施

户外遮阳篷、遮阳伞能遮挡阳光，同时也能遮风挡雨，是户外的必备设施。遮阳伞的种类可分为中柱伞和侧柱伞，每一类根据外观还可以进行细分。户外休闲遮阳伞一般是与户外家具搭配，如与圆台搭配的叫中柱伞套装。户外遮阳设施保证了人们户外活动的舒适轻松，是进行花园软装设计不可忽视的一个物件。

户外遮阳设施的选用需要考虑所处空间的景观环境和设计风格，不同外观、颜色的遮阳篷、遮阳伞会形成不同的景观效果，影响人们使用时的心理感受。

三、花园景观

休闲桌椅、遮阳产品都是满足人们在花园空间休憩的基本设施，但使得花园休憩区有别于室内休闲的重要元素应该是花园景观。水景、沙石、木艺景观、花草蔬果等元素，都是人们在室内较少可以接触到的，正是这些元素使得花园休闲空间变得美好惬意。不同元素依据花园景观的整体风格与使用者的偏好可以有不同的表现形式，如水景：中式风格的花园可以营造流水淙淙、碧涧流泉的感觉；欧式的花园则可以采取喷泉、水钵、吐水景墙等形式；至于日式花园，流沙即水、虽无却有。

第二节　烧烤区

早在原始社会的时候，人们就懂得了通过烧烤的方式加工食物，这种源远流长的烹饪方式至今仍为人们所喜爱，大抵是因为它既是充满野趣的娱乐互动方式也是令人垂涎的美食烹制过程，烧烤的过程满足了人们社会交往和味觉享受的双重需求。在精心设计的花园之中享受美食，是多么其乐融融而又惬意的事情！

一、场地优势

私人花园兼具花园空间与私人空间的特性，在组织开展烧烤或其他花园美食烹调活动方面具有独特的优势。

一方面，由于是花园空间，更加贴近大自然，与烧烤这一充满野趣的活动相当贴切，而且相对室内具备更多的活动空间，便于参与的人们进行各种互动。因为是开敞的花园空间，烧烤过程中所产生的油烟非常容易消散，不会造成清理上的麻烦。

另一方面，由于是在私人花园之内开展的烧烤活动，非常便于灵活安排，受天气变化的制约较小，即使是突发风雨也可以立刻转移到室内，另作安排。相对于外出去到公共的烧烤场所，也方便很多，并且适合亲密好友的闲聊聚会，私密性强。

二、烧烤用具

条件允许或者说需求比较强烈的话，可以考虑在花园营造之初就设计固定的烧烤台。砖块是最简单也很结实的材料，可依墙（或花园中起分区隔断作用的矮墙）而建。工作台是必须考虑的，可以用来摆放烧烤过程中的各种食物与物件，下面还可以预留出空间储藏工具或者座椅。不常使用的时候，可以在烧烤台上放置几盆花草，让这个空间不至于失去活力。

当然，最为常见的还是各种可移动烧烤装置。根据热源的不同，烧烤炉可以分为炭烧烤炉、电烧烤炉以及燃气烧烤炉，这些不同类别的烧烤炉各有优势，主要看主人的偏向选择。烧烤厨具主要包括烤夹、烤叉、涂油刷以及烤签等，不锈钢材质的厨具有耐高温、耐腐蚀的优点，是不错的选择。

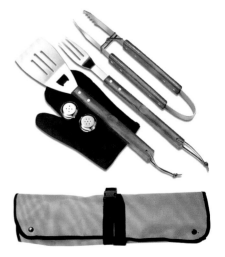

三、设计要点

烧烤其实是一项交往活动，人们进行休闲烧烤活动的目的并不是单单的吃烧烤，更多的是享受这个互动的过程，在这一过程中促进交流、增进情感，这是在设计之时必须了解的一点。清楚这一点之后才能有意识地在空间布局上避免"死角"，曲线、环绕的布局利于相互合作、相互交谈，确保参与活动的每个人都能够有适当的空间投入到处理食材、烧烤食材等环节中。

环境方面要考虑留出适当的位置，既不能有强对流的自然风，也不会有树叶、落花等杂物掉入烧烤炉内，所以这个地方最好是上方空旷、周围有遮挡，并且有足够空间让人走动交流。

烧烤不同于日常的餐厨活动，生冷的食材、烤熟的食物及相关盛器、餐具等物品会同时出现在一起。因此，烧烤设施、空间的设计应当充分考虑到这些物品在使用和空间上的逻辑关系，营造更加合理的空间用于容纳这些物品，避免使用过程之中发生碰撞或者生熟食物间的交叉污染。

第三节　游乐区

户外空间的另一个重要作用就是进行各项游乐活动，游乐空间常见的设施有跷跷板、秋千、滑梯、攀岩墙等，这些大多是提供给孩子们游戏玩耍的，所以一定要考虑材料的安全性和实践性，使用绿色环保材料。

游乐空间的基调都是偏向轻松活跃的，因此在设施的色彩、形状方面也要注重营造这样的气氛。例如儿童型攀岩墙就可以区别于其他攀岩墙，采用更为丰富鲜艳的色彩，形成一个富有活力、激发孩子们体验欲望的户外游乐空间。

第四节　泳池区

泳池一般与户外空间周围景观结合进行设计，多数位于房屋前方或者花园的中心，成为景观视线上的一个重要焦点。在使用之时具有健身价值，而平时又可以成为整体环境之中令人心情愉悦的存在。正是因为兼具了实用与观赏价值，泳池在户外空间营造之中越来越受到重视。泳池的设计并不是随意的，而是要综合考虑景观视线、水质、水温、卫生等方面的要求，同时对于排水系统也有非常严格的要求。如此说来，户外露天游泳池要达到的标准主要有景观优美、技术先进、经济合理、安全可靠、方便管理和节约用水等方面。

第 4 章

花园软装设计元素

第一节　色彩搭配

一、同类色搭配

同类色，是指色相性质相同，但是色度有深浅之分，一般是色相环相距 15°之内的两种颜色。简单来讲，同类色是按照明度来区分的，如墨绿和浅绿、大红和朱红等。

色彩搭配，最重要的一点就是要给人一种和谐的感受。同类色搭配，可以形成明暗的层次，给人一种简洁明快、和谐单纯的统一美。

二、对比色搭配

色相环上相距 120° ～ 180° 之间的两种颜色，称为对比色。对比色搭配，即为撞色搭配，可以带来新奇和趣味，彰显主人前卫大胆的个性。

三、互补色搭配

互补色指色相环中成180°角的两种颜色，红色与绿色互补；蓝色与橙色互补；黄色与紫色互补。互补色搭配难度较高，但互补色之间不会混合，视觉对比效果强烈，从而让人产生鲜明的色彩印象，给人一种华丽、跳跃、浓郁的审美感觉。

四、自然色搭配

自然色即大自然的颜色，包括但不限于墨绿色、棕褐色、灰色、原木色，这些颜色与花园环境搭配起来更加协调，营造祥和的舒适感，起到放松身心的作用。

第二节　地面铺装

精心布置的地面铺装可以营造丰富多变且具有层次感的花园活动空间。设计者能够涉足的范围包括地面铺装的材质选择、平面图形的搭配、质感的差异、尺度的大小等，合理利用不同质感材质之间的对比可以形成更富节奏感的变化。

此外，铺装材料的选择还要注意到人的足感、舒适度等，甚至铺装本身也可以提供不一样的体验。例如在健身步道上铺设鹅卵石，就可以通过地面铺装的粗糙和不平整感来达到按摩足底穴位的健身效果；而在主要提供给孩子活动的区域，则要选用具有保护作用的软质铺装，例如草坪、沙地、塑胶等，防止摔倒、磕绊受伤。

花园铺地和室内的地板一样有着各式各样的种类和用途。它是花园设计中最主要的元素之一，并决定着整个花园的用途和魅力。

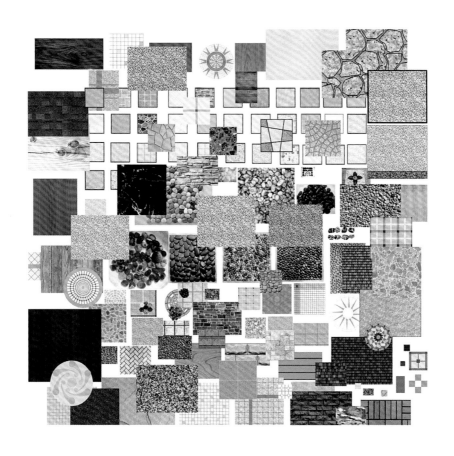

一、铺装材料

1. 砖

砖是一种很流行的铺地材料，可铺设成各种图案，不仅经久耐用而且美观大方。它可用来铺设车道、庭院、园径和台阶，特别适用于游泳池的周边。

2. 混凝土

混凝土给人一种单调的感觉，但若用得巧妙，这种材料能和周围的自然环境融为一体，从而铺设出极具观赏性的实用型花园。混凝土是一种比较便宜的材料，可用于花园各处。它可单独使用，也可与其他材料，如木块、砖块一起使用。

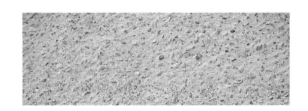

3. 石板

石板可以用来铺筑园路、水池周围的地面，既美观，又实用耐磨。还可以作为汀步，铺在草坪或碎石之上，为花园景观增加动感。

4. 砾石

用砾石铺装的园路或平地，能有效抑制杂草生长，还能柔化铺装本身的坚硬感，踩在上面也特别舒适，也可作为填充材料铺设在瓷砖、石板等硬质铺装材料的缝隙中。砾石的价格也相对低廉。

5. 地面植物

想要花园更有个性，可以用各种美丽的地被植物来代替草坪，还能起到抑制杂草生长的作用。地被植物也可以用来填充幼小灌木丛，随着灌木一同生长，同时丰富种植的层次。

6. 枕木

用作枕木的木材通常都异常结实而且耐磨，所以适宜用在户外。它们是铺筑花园和台阶的好材料，还可用来构筑花坛的边沿。在花坛和枕木之间最好种植一些地被植物，一来可以增加其魅力，二来也可以让人走在上面时有一种安全可靠的感觉。

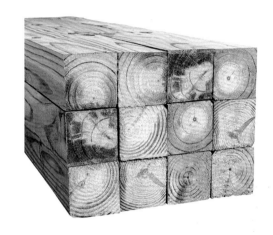

7. 瓷砖

瓷砖适合铺筑花园和游泳池周围的地面。用于户外的瓷砖必须经过糙面加工以具防滑效果。水磨石地、瓷砖和机制地砖，它们的纹理和色彩能够与自然环境融为一体。

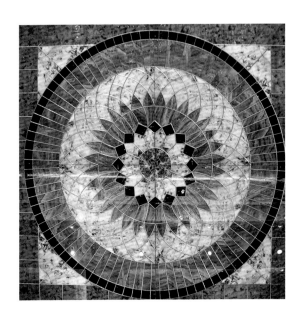

二、铺装形式

1. 花园中的大地艺术

利用零散的石料做出的弧形纹样给空间增加了很多神秘感和趣味性，在石块排列的部分，可以只堆放石子，还可以散铺玻璃球、贝壳、糖果等让人意想不到的装饰物，让花园更加艺术生动起来。

2. 铺装与草坪拼贴图案

铺装与草坪形成相辅相成关系，构成的花朵图案为花园空间增添了活泼的氛围。铺装也被草坪切割出一些独立的空间，满足不同的用途。

3. 镶嵌在草坪中的不规则石材

在一个现代风格的花园中，镶嵌在草坪中大块的石板铺装给整个空间增加了自然的气息和空间体验的变化。此类施工中，石材一定要选择厚于 5 cm 的石板，手工将石材边缘敲碎。基础的部分需要用水泥稳固，否则达不到平整的效果。

4. 地面铺装上的种植槽

在地面上镶嵌一些种植槽可以起到柔化硬质地面的效果。要注意，有种植槽的地方必须清除水泥灰土等各类基层材料，否则会烧伤植物根系而造成植物死亡。另外，此类种植槽最好在地下铺设排水系统以利于植物的生长。

5. 砾石散铺的现代花园

散铺砾石是现代花园中最常见的一种铺装方式，在铺设时请注意选用没有尖锐角的豆石，避免对皮肤的割伤。

6. 彩色水泥压膜地面

此类铺装是用混凝土加上彩色颜料通过压膜工艺呈现完美的石材质感。最好对水泥地面进行收光处理，最面层的水泥浆一定不要含沙。如用卵石嵌边，卵石的高度也要和水泥面保持一致，否则容易绊人。

第三节 ｜ 户外家具

　　户外家具主要指用于室外或半室外的供活动之用的家具。它是决定建筑物室外空间功能的物质基础，也是表现室外空间形式的重要元素。

　　户外家具最明显的属性是功能性，同时还具有艺术性，在花园空间整体环境之中有着重要的作用。

一、户外家具种类

针对户外家具的分析研究有不少，学者们对于它的分类也有几种不同的标准，有根据功能分类的，有根据空间分类的，有根据材料分类的。这里根据户外家具的表现形式分为永久固定型、可移动型、可携带型三种。

1. 永久固定型

永久固定在户外的家具，包括木亭、实木桌椅、铁木桌椅、石质桌椅等。一般这类户外家具应优良选材，防止户外环境的侵蚀，适合长期放在花园。

2. 可移动型

可以移动的户外家具，包括特斯林椅、可折叠木桌椅和太阳伞等。用的时候放到花园，不用的时候可以收纳起来放在房间，所以这类家具更加舒适实用，不用考虑那么多坚固和防腐的特性，还可以根据个人喜好加入一些布艺等用作点缀。

3. 可携带型

　　另外一类就是可以携带的家具，比如小餐桌、餐椅、帐篷和小型遮阳伞。这类家具一般是由铝合金或帆布做成的，重量轻，便于携带，能为户外休闲增添不少乐趣。

二、户外家具的设计要点

1. 家具造型

外部形态对人们的第一印象影响最大，很可能决定一个人对于某一个空间景观的感官判断，所以在满足户外家具的特定功能的同时，还要创造充满艺术美感的外部形态，使人们产生直观感性的空间印象，体验花园环境，重新审视生活。

一般来说，直线条的户外家具更加适合现代、简约风格的环境，三角形、方形、圆形、球体、台体等常见的几何形态在不同的花园环境中，可以转化为独具设计意味的艺术语言，使实实在在的家具在满足人们最基本功能需求的同时，创造出体现审美意趣的文化空间。

2. 色彩

色彩在营造环境氛围方面有着神奇的功效，红橙黄的暖色调让人心情愉悦、兴奋，青蓝紫的冷色调使人心境宁静、平和。对于设计区域内分散排列、形态各异的户外家具，可以借助一个整体的色彩组合，运用色彩的深浅、冷暖布置把它们连成统一的整体。色彩以其鲜明的个性加入到环境的组织营造中，能协调人与环境的关系，同时赋予环境更多的生机和活力。

3. 材质

户外家具与普通室内家具最大的区别就是它的使用环境，也正是因为如此，户外家具在材质方面有着不同的要求，除了"造型"之外还特别看重"耐用"这一因素。户外家具必须坚固耐用，才能够很好地抵御户外各种气候变化的侵蚀。

木材是首选材质，一般来说，要选择油份较大的木材，如杉木、松木、柚木等，而且一定要做防腐处理，另外还需要经常采用木蜡油或者油漆保养；相比木质户外家具，金属材质则比较耐用，铝或经过防水处理的合金材质是最好的选择，但要防止撞击；竹藤质、布艺户外家具轻巧美观，不过为了防止累积灰尘和发霉，需要选择质量较好且经过特殊处理的材料，如当下逐渐普及的特斯林布和西藤等材料。

4. 空间尺度

人是花园景观的最终服务对象，因此户外家具的设计必须符合人在户外空间中的尺度感受，户外家具的大小及体量在整个环境空间中的比例、尺度的控制与把握甚为重要。户外家具应适应人体视觉的生理特征，综合考虑人在户外空间仰视、俯视、平视的观察角度和远眺、近观、细察的视觉习惯，创造观景的效应。此外，空间尺度方面也要照顾到儿童、老人的实际情况。

三、户外家具材质选择与清洁保养

消费者在选择家具的时候一般都会比较细致，然而户外家具的选择则应是粗细结合。首先如果长期放在户外，不可避免风吹日晒，所以您要做好易变形和易褪色的心理准备，一般木材大多选择杉木和松木。然而在连接件的选择上，则要细心一些，因为它关系到户外家具的坚固。

户外家具除了它的造型设计要符合户外生活的要求之外，最重要的是户外的环境比起室内恶劣很多，因此户外家具的材质必须经过特殊的防水、防晒、防腐技术处理，这样才能延长寿命。另一方面，经过处理的材质会让平时的清洗与保养变得简单，为人们的生活带来方便。

1. 木材

挑选木材有非常重要的三点，材质、工艺、防腐性处理，缺一不可。这其中对家具最终价格起决定性作用的就是材质。户外家具一般会选择松木、杉木作为基础材料，对基材处理方式的不同也影响家具的价格。目前市面上常见的加工品种为防腐木、表面碳化木和深度碳化木。

防腐木：是采用防腐剂渗透并固化木材，使木材具有防止腐朽菌腐蚀和生物侵害功能的木材。防腐木价格适中、承重性能优异、结构相对牢固，不过容易变形开裂。

表面碳化木：一般采用氧焊枪进行烧烤，令木材的表面附有一层薄薄的碳化层，从而起到类似油漆保护的作用，也能凸显木材的木纹表面。这种木质的性能与防腐木类似。

深度碳化木：一般采用高温碳化技术处理，使得木材的营养成分被破坏，从而起到防腐防虫的作用，且不具有任何有毒有害物质。这种木质防腐性能好，不易变形，木质也不易开裂，但承重性能就较差，价格也较高。深度碳化木从等级上来讲分为户外级和室内级，主要在使用时加以区别。室内级深度碳化木耐腐能力、强度、耐腐性能都没有户外级碳化木好。

因为碳化木的强度不高，握钉力不强，在使用时应先打孔再上钉以减少和避免木材开裂，最好选取涂刷专用耐候木油的产品，以便更好达到防腐目的。

另一方面，户外性家具追求自然，会更多保留原生态因素，造型通常不会过多修饰。因此木材质户外家具在挑选时会更多地注重家具的整体造型、弧度变化以及边角的制作工艺。

木质户外家具可以用户外耐候木器漆来保养，它的主要功能有：装饰性、防紫外线、封闭防水性、韧性、防霉防菌。

上漆步骤如下：

（1）先将原木家具表面包括灰尘、霉、蜡、油污及旧涂膜等全部擦拭一遍，等待完全干燥。

（2）用240号砂纸顺着木纹纹路，将擦不掉的脏污磨除。

（3）用细毛软刷蘸护木漆涂满家具表面，等隔天干燥后再涂一次，这样家具的抗日晒雨淋性较佳。

2. 铁艺

材质：铁艺制品的材质通常会用手感作为评价的标准。手感光滑的材质通常会更有质感、色泽度也会更加饱和，亮度更加均匀。

工艺：铁艺制品的工艺主要体现在对铁制品防腐性的处理上。防腐做得好，铁艺制品就不易生锈，会更加体现工艺的价值。

细节：铁制品的花纹是否精致细腻，是否有断纹的出现。

焊接：铁艺家具制品的焊接好坏主要体现在焊接点上，焊接点不外露是一件优秀铁艺家具制品的基本要求。

造型：要看产品成型的弧度是否流畅自然，花形左右是否对称，最好能给人一种充满美感和灵气的感觉。

保养：铁艺家具的保养十分重要，不仅要注意防潮和除尘，还要及时用软布擦拭铁艺制品上的水迹。如果铁艺家具已经出现了锈斑，可以通过涂刷面漆和防锈漆来解决这个问题，防锈效果可达 4 ～ 6 年，但温泉区、海边则效果会打折。

具体方法如下：

（1）用布将家具表面拭净，再将锈斑清除，依部位不同可选铁刷或砂纸反复清除，如果锈斑出现在大面积的平面上，可使用铁铲刮除，效率较高。

（2）用专用刷蘸防锈漆，将铁制家具表面全部涂一遍，等待一天干燥后再涂上铁制品用面漆。

3.PE 藤

PE 藤较之天然藤条，具有表面光滑细腻、强度高、柔韧性好、经久耐用、防水、防晒、防霉蛀、易于清洗等优点。挑选 PE 藤户外家具时，先试坐一下，假如发出"吱吱"的声音，就可能是使用了仿冒材料或编织得不够紧实。购买时应选择连接部分稳固、整体颜色一致、外形弧度流畅、坐垫弧位吻合且面料图案整齐拼接的 PE 藤家具。

PE 藤家具的清洁与保养非常简单，先用吸尘器或者软毛刷去掉浮尘，再用湿软布擦拭，最后擦净水渍即可。使用时应防止碰撞和刀尖或硬物划伤，远离户外火盆和户外厨房，避免因温度过高而损坏藤条。另外，藤制家具的保养还要注意看不到的地方，那就是骨架，一定要注意骨架的材质，避免因骨架生锈而影响材质。

4. 石材

使用石材制作的桌椅，具有耐风化、结实且款式多样的特点，常用作户外家具。石材家具可选用的原料丰富，花岗岩、大理石或人造石均可。石材虽然沉重、坚硬，但是可塑性强，易于雕塑成各种艺术造型，观赏性极强。

5. 特斯林布

特斯林布作为引进的特殊材料，具有透气性好、抗老化、抗高温、抗皱的优点，清洁起来也非常方便，湿软布擦净即可，在户外家具中应用广泛。

6. 塑料

塑料材质的户外休闲桌椅具有轻便、色彩鲜艳的优点。而且非常方便清理，先吹去表面浮尘，再用湿软布蘸取普通清洁剂擦拭，最后用清水简单冲洗并擦干水渍即可。使用时要平稳放置并远离热源，注意防晒以免褪色、断裂，也要注意承重问题。

7. 折叠家具

镀层：镀膜要表面平整，避免起泡、划伤、生锈、露黄，色彩应亮丽。

喷涂：涂膜应平整无皱、无脱落、无锈，整体光洁细腻。

金属管材及铆接 金属管部分不可有叠缝、裂缝、开焊、凹坑；围弯处不可有褶子，弧形应圆滑光润；焊接处不可有虚焊、漏焊、焊穿、气孔、残留焊丝头、毛刺等，并须打磨圆润；管壁表面应光洁平滑，手感流畅。

折叠：折叠连接部分可以轻松张合；折叠家具打开时，四脚应在同一水平面上。

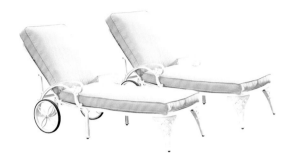

8. 钢化玻璃

钢化玻璃相比其他户外家具材质，质地较脆，应避免重击玻璃表面或四角，防止玻璃破碎。清理时要用湿软布蘸取温和的清洁剂擦拭，这样才能避免出现划痕，保持玻璃表面的光泽。

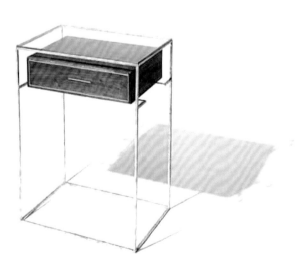

9. 户外遮阳伞

在购买遮阳伞时可选择伞布颜色较浅的，不容易褪色，颜色深的伞褪色容易看出来。遮阳伞清洁时需用湿软布擦拭，并且要选用不含碱的洗涤剂，避免因清理不当而破坏其遮阳、防水的性能。

另外要对伞进行收放管理，无需使用时及时收起来，以延长使用寿命。收撑时要注意以下要点：（1）撑开时尽量在伞毂上用力，而不是强行拉开伞骨；（2）罗马伞转向时确保四周空旷，以免损坏伞骨；（3）大风天气时要及时收合伞面，防止被风刮倒损坏园内其他景观或者伤害行人；（4）摇手伞请按指示方向摇动，切勿反向摇动。

第四节　花盆容器

一、花盆材质选择

　　制作花盆的材料是多种多样的，选择材料时，应该尽量发挥材料的固有特色。瓷制花盆是不错的选择，虽然它相对缺乏透气性，但能够抵御岁月的侵蚀，使用多年后依然如新。此外，金属、木材、石材、水泥等均可作为制作花盆的材料，其装饰效果也各具特色。

1. 陶瓷类花盆

（1）陶盆

　　主要包括黑陶盆、红陶盆、瓦盆、泥瓦盆、上釉陶盆等。此类花盆样式较为古朴，透气、透水性好，能有效避免植物因积水烂根。

　　上釉陶盆是在陶盆上涂以各色彩釉，外形美观、形式多样。内外上釉的陶盆排水透气性差，等同内外多了一层玻璃；只在外壁上釉的陶盆，由于内壁无釉保持了瓦盆的本质，兼具外形的美观与内在的疏水、透气性，更适合长期摆放与栽种花草。

（2）瓷盆

　　此类花盆由瓷泥制成，外涂彩釉，工艺精致，洁净素雅，造型美观，缺点是排水、透气不良，多用作瓦盆的套盆，用来装点环境。

（3）紫砂盆

　　紫砂盆质地细腻，坚韧，排水、透气性良好，非常适合植物生长。其造型大方多样、雅致古朴，极富民族特色及韵味，可谓实用性与艺术性兼得。

2. 塑料花盆

塑料盆款式、规格较为多样，在花盆市场占有份额较高。其优点是轻巧美观，价格便宜。适宜种植耐湿性的观叶植物，也可作为套盆使用。使用时要注意在排水孔处多垫几块碎瓦片，再放入一些碎煤屑，便于排水。

3. 木质花盆

木质类的花盆，特别是原木材质的，种植植物后显得古朴、自然，还有用木条拼接成的种植槽、种植箱等，有非常好的装饰效果。不过，由于木材的质地疏松，长期淋晒并浇水施肥的话，木质盆能使用的年限非常有限。

4. 水泥花盆

此种花盆结实耐用、保暖效果好，适合北方冬季使用。缺点是比较笨重，不适合经常搬动。水泥中添加防腐、防冻、防腐蚀材料，外加纤维布，坚固耐用，表面可喷真石漆。

5. 天然石材花盆

此种花盆不易变形、褪色，寿命较长，但是质地较为致密，透水、透气效果欠佳，且较重。因其是天然材料，具备天然的韵味，装饰效果好。

6. 玻璃盆

盆底没有水孔，透气性差，但形式多样，适合用来养殖铜钱草、水仙等水培植物。

二、花盆选购方法

在花园空间中，要想吸引大众的目光，选择与植物匹配的花盆也是非常重要的。选择花盆时，不仅要考虑花盆的形状、比例，还要考虑花盆本身的特点和所种植物的习性。比如，摇曳的水草装在微微鼓起的水罐里，就是一种不错的搭配。

三、花盆与植物

花盆以一定的组合方式排列摆放时视觉效果较好。比如将几种观赏植物同植于一个容器内，既有大自然的美感，又有艺术的内涵，其高度和风格都可以产生变化。也可以用形状相同的花盆种植相同的植物，以规则的方式成行排列，或者成对摆放在花园的出入口处，以加强其空间效果。

第五节 | 景观小品

户外家具为人们在室外活动提供了休憩、娱乐的空间，而各种景观小品则是真正创造了花园空间的观赏环境，使得人们得以亲近自然、放松心情。

一、雕塑

景观雕塑的材料丰富、主题广泛、造型百变，是点缀园林的重要元素之一。作为造型艺术的一部分，雕塑的摆放位置对于空间的构成往往具有点睛作用。私人花园景观内的雕塑一般尺寸较小，选用以动物主题、拟人生活化情景和具有纪念意义的题材居多。在进行花园雕塑的摆设时，注意雕塑要与花园的环境相和谐，并符合花园主人的审美要求。摆放时要选择合理的位置，以及选择体量合适的雕塑摆件，太大了显得花园空间逼仄，会喧宾夺主，太小了则达不到好的装饰效果。

设计公司：生活园林景观设计

二、水景

水是生命之源，能给人们带来愉悦舒适的感受，而在水景的设计过程中，往往模仿自然的种种水态而设，如瀑布、叠水、水帘、溢流、溪流、壁泉等。又辅之以各种灯光效果，使水体具有丰富多彩的形态，来缓冲、软化硬质的地面和建筑物。

在设计花园水景的过程之中有两点需要重点考量：一是水景的可亲近，要让水景与人们产生互动，而不是只可远观，这同时也对水的边界区域提出了安全方面的要求，尤其需要针对儿童、老人的亲水活动提出必要的策略；二是水景的后期维护，设计是需要付诸实践、切实落地的，对于水景的设计必须考虑排水、清理等各方面的技术问题，不然将遗留下后期方案实施与日常维护方面的问题。

三、石景

园林造景离不开山石，石景是花园景观的一个重要组成部分。早在上千年前，古人就已经开始了对造景石材的研究，而明末造园家计成则专门在其专著《园冶》之中辟出一章专门讲述选石造景之法："取巧不但玲珑，只宜单点；求坚还从古拙，堪用层堆。"

现代花园空间同样重视石景的营造，营造时需要从石景本身的形态、色彩、质地、纹理及其与周围环境的协调等多方面考虑。值得一提的是，由于现在大多数花园景观都属于人为新造的，反而忽视了石景与植物相伴的原始自然景观，在设计过程之中应该重视选用匹配石景的植物，营造充满自然野趣的生态景观。

四、木艺

木质景观有着自然朴实、生态健康和高品位的特性，在公共绿地、庭院、露台等花园空间得到广泛的应用，已成为城市花园环境的生活时尚，体现的是一种高雅的生活品质追求。

第六节　植物配置

花园空间的植物景观营造可以多采用立体结构，把阳台、廊架、景墙等作为种植攀援植物的支架，既能利用植物柔化建筑本身生硬的几何线条，使建筑与自然之间和谐交融，还能丰富花园的色彩，提升花园景观的美观度与舒适度。植物配置方案应充分考虑季节更迭，做到四季有景可赏，同时也要注意植物色彩的和谐搭配。根据花园地形的不同、组团绿地不同的情况选用合适的空间围合。如靠近马路等嘈杂空间的部分可以种植树墙，隔离噪声及灰尘，创造一个私密而幽静的休憩空间。

一、植物配置原则

优秀的植物配置能为花园带来亮丽的色彩和迷人的风情，青翠的叶片与多彩的花朵组合在一起，还能柔和花园的色彩。

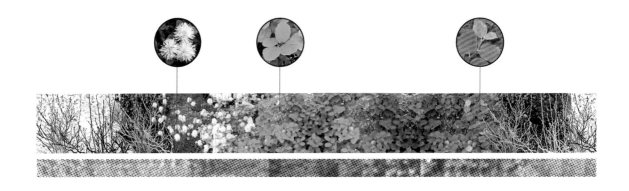

1. 主题原则

主题原则是植物景观营造的纲领，通过这个纲领来确定植物配置需要表现的主题。不同的乔木、花灌木、地被植物等通过配置表现出独特的风格，外延、扩大其内涵，最终形成独特的文化与精神特征。

植物配置方案图

富贵草	小野芝麻	风铃草	长春花	虎耳草

大穗林花	粉色淫羊藿	叶黄水枝	婴儿泪

2. 时效原则

所谓时效原则指的是在植物配置设计阶段，就要构思好短期到长期的景观效果，也要把握景观达到特定效果所需要的时间。配置方案应把快长树和慢长树搭配种植，重点考虑植物未来的生长空间和长势。假如想要早期见效，可采用先适当密植，几年后再进行间移的方法，同时也要保证间移后的景观效果。

鸭脚木	马樱丹	小蚌兰	黄金叶	九里香	红背桂

七彩竹芋	洒金榕	鸢尾	白纹山菅兰	龟背竹	美丽变叶木	金边吊兰

植物配置图

3. 满足四季景观

　　绿色植物是花园景观空间营造中的主要构成因素，而在规划设计时不仅需要考虑到四季景观的效果，还需要考虑到地理位置及气候带的不同。如在中国北方，就需要实现"三季有花，四季常青"；而在中国南方，需要实现"四季常绿，花开不败"。具体问题，具体对待，应该重视常绿植物和落叶植物的比重，一般控制在1∶2或1∶3。通过绿色植物在花园景观中的空间营造展现四季变化。

4. 适地原则

　　在花园植物景观营造中，地区不同，附近建筑朝向不同等诸多因素都决定了光照环境的不同。所以，植物景观配置时要充分考虑植物的习性。如在水池、喷泉四周就不宜种植银灰菊、棉毛水苏等忌土壤湿涝的植物。

5. 适景原则

因为花园空间有限，所以在植物配置中应该考虑利用植物提升花园的空间感。例如在花园中的休闲广场等活动区域，配置适量的芳香植物，能给人以鸟语花香的感觉。

二、植物空间营造

1. 作用

一般来说，植物空间营造的作用包括三个方面：

第一，植物多样的配置方式可满足花园不同空间风景构图的要求；

第二，花园景观的构景要素需要借助园林植物来丰富和完善；

第三，花园中植物基本是绿色的，所以可以充当空间的协调者，使花园形成统一的空间环境色调，在变化中求得统一感，也使人们在绿色的优美环境中感受到轻松与舒适。

2. 表现形式

植物除了可以营造各具特色的花园空间景观，还可以与各种空间形态相结合，构成相互联系的空间序列，产生多种多样的整体效果。

（1）空间深度表现

运用植物能够使原本并不是很大的花园空间具有曲折与深度感，如一条小路曲曲折折地穿行于竹林之中，能使本来并没有多大的花园空间具有了深度感。另外，运用植物的色彩、形体等合理搭配，亦能产生空间上的深度感，例如运用空气透视的原理，配置时使远处的植物色彩淡些，近处的植物色彩浓些，就会给花园带来比真实空间更为强烈的深度感。

（2）空间穿插、流通

空间的相互穿插与流通能有效实现花园中富于变化的空间感。在相邻空间设计成半敞半合或是半掩半映的形态，以及空间的连续或是流通等，都会使空间富有层次感、深度感。一般地说，植物的空间布局应讲究疏密不同，错落有致。在有景为伴之处，树木的栽植就应该是稀疏的，树冠要高于或低于视线，保持透视线，使空间景观能够互相渗透。可以说，花园植物柔和的线条和多变的造型，比其他的造园要素更加灵活，具有高度的可塑性。

（3）空间分隔

花园设计中往往运用植物来分隔空间，植物种类、形态、数量及不同的植物配置手法能营造出不同的景观空间。在花园空间内往往利用中层植物及灌木作为花园景观空间分隔的基本因素，这种围合的景观空间相对是属于敞开的。若在这个基础上再加上更多的中高层乔木的围合，那就会产生半敞开甚至相对封闭的景观空间。进而利用植物配置的变化来有效地对花园空间进行有效分隔。

三、植物配置形式

1. 草坪在花园中的应用

草坪是花园植物配置中的重要一环，既能为花园增添绿色，也可以作为平日的娱乐休闲场所，还可以让花园在视觉上更显开阔，因此，花园中可以多种植草坪作为地被植物。

2. 时令花草在花园中的应用

每个花园都有其特点，适量种植时令花草，既可以增加花园的个性，也可以弥补冬季植物较为单调的缺陷。时令花草多摆放在土壤贫瘠等不适合种植多年生花草的区域，将其种植在容器中，不仅可以装饰花园，还能有效利用空间。

3. 树木在花园中的应用

（1）孤植

在花园中，单株树孤立种植，可以作为独立的庇荫树，同时一些名贵树木或是古木也能起到观赏效果。另外，树木孤植只是为了构图艺术上的需要，呈现树木的个体美，这样孤植的树木多作为花园空间的主景。一般情况下，树木孤植主要出现在大片草坪上，或是出现在花坛中心等。

（2）丛植

由几株同种或是异种树木构成一处小树丛，在不等距离间种植在一起，构成一个小的树丛整体，也是花园中普遍采用的种植方式。一般树木丛植都可用作主景，也有个别用作配景，或者用作背景等实现隔离措施。

（3）对植

对植只能作配景出现，一般植物对植主要配置在建筑入口的两旁或是小桥头等区域，同时还要配以假山石来凸显其势，调节重量感，力求均衡。花园中的不对称栽植，即在轴线两边所栽植的植物，一般来说其树种或是树木的体型完全不一样，但能很好地保持均衡状态。这主要是用到了天平均衡的原理，轴线两边给人的重量感一致。因此，在轴线的两边分别可以栽一株乔木，种一大丛灌木实现平衡。

4. 焦点植物和植物群在花园中的应用

为了达到让人眼前一亮的效果，需要在花园景观设计中选用焦点植物，并且焦点植物要具备与焦点风景相称的特质。在中等花园中的灌木丛中，可以选用红花作为焦点植物进行点缀，如选用杜鹃花、玫瑰花都能很好地实现景观效果。另外，在自然式花园中，需要利用多变的线条和色彩来吸引游客的兴趣。一般可以利用植物拼成的图案来实现，如在红豆杉前，利用黄色、绿色、紫色等进行相互点缀，就会显得格外耀眼。

第七节 花园照明

　　夜幕降临，灯光逐渐亮起来，整个花园笼罩在安静、祥和的氛围中。花园里的灯光不仅能装点花园，让其变得更加温馨，同时也能驱赶花园里的一切阴暗，为所有角落带来光明，保证夜晚游园的安全性。

一、花园照明原则

（1）花园照明设计应遵循"以人为本"的原则，在夜间创造幽静、舒适的花园环境与氛围；

（2）花园照明光线不能直射室内，避免造成光污染；

（3）应以花园内雕塑、小品、绿地、花坛等为照明设计重点；

（4）一定要保证灯具、照明线路等电气设备及控制设备的安全可靠。

二、花园灯具应用场景

1. 雕塑和小品

花园里的雕塑和小品，白天依靠植物的衬托，夜晚则需要点缀一些迷人的灯光，这样可以更为引人入胜。而且当暖色调的灯光照映在冰冷的石雕上，还能带来强烈的对比效果。

2. 喷泉和水池

花园里通常都会设置喷泉和水池等水景，白日的流水为花园带来了生机与动感，而夜晚随着光线的减弱，水流也逐渐隐秘在黑暗中。当给水景装上灯光时，不仅可以欣赏到波光粼粼的水景，同时用水景的"动"和夜晚的"静"相结合，还可以增添花园的活力。

3. 绿植

花园里少不了大大小小的绿植，虽然冬季没有了茂盛的叶片，但在这些绿植上面缠绕上大大小小的装饰灯，小树和灌木还是能够变得充满生机，给夜晚的花园增添美景。

三、花园灯具种类

1. 光照类型

室外照明有直射型，即射出聚集的光束或光柱，还有普照型，即将灯光均匀地洒落在花园里。有些照明设施的装饰性胜过其实用性，散发出的光非常有限。

直射型：聚光灯的光束射向特定的方向，一方面是为了实用目的，比如为花园前门那片区域照明；另一方面是为了特别突出花园里的某处焦点，如塑像、雕刻、花园长椅以及特别的花草植物等。

普照型：除非你在一些关键地方合理地安排了一系列照明设备，否则将很难取得花园普照的效果。不过这很少会成为一个问题，因为只需在花园内分区分片地安装照明设备，即在特定的区域（如庭院或水池）里安装能给本区域带来光明的照明设备，便可达到预期的效果。这些地方用一般的电灯和壁灯即可。

2. 花园灯具选择

花园内景观照明可利用的灯具种类繁多，但因为需要长期经历日晒雨淋，所以更多选择拥有保护装置的封闭性灯具。安装在花坛的灯具一般都用塑料长钉固定在里面。选择低压照明设备更有利于在花园里营造温馨而罗曼蒂克的氛围。

灯柱

园路两侧宜选用光照效果比较强烈的灯柱来照明。灯柱的选择首先要达到一定的亮化效果，方便晚间出行者出入；其次要延续花园的整体风格，避免风格过于杂乱；再次要考虑整体的美观度，避免因过于单调或绚丽而使人感到审美疲劳。

泛光灯

花园对灯光强度的需求较低，因此泛光灯在花园中应用较少。但是在花园面积较大，又对安全格外重视的情况下，泛光灯就很有必要。假如夜晚想在花园进行对空间需求较大的活动，那么泛光灯就是最好的选择。

向上照射灯

向上照射灯因其特别的光照形式，适宜用来烘托园中的植物。可以将其安装在灌木丛或者多年生植物底下直射照明，还可以安装在树干背面，普照树叶还能获得奇妙的剪影效果。

聚光灯

聚光灯适宜精准为焦点景物照明，它们的光照强度很大程度上取决于所处的位置，可以将其安装在高大树木的树枝或者建筑外墙上。夜晚在花园中活动时，将其灯光聚焦在活动区域，非常实用，比如夜间在花园烧烤或者在花园中读书。为水景安装聚光灯，斑斓的水面闪动着金色波光，景观效果非常好。

水下灯

花园修建水池或温泉时配备水下照明系统是非常必要的选择，同时也需要在池边配备聚光灯或者泛光灯，这样不仅可以强化水池的视觉效果，为夜晚在池边游园提供照明，而且有利于及早发现游泳者可能发生的险情。

壁灯

壁灯一般安装在建筑墙面或者花园外墙，安装位置较高，无论是平凡的白炽灯还是精致美丽的托架灯，大多配有乳白色的玻璃灯罩。安装低处的壁灯还能为台阶提供照明。

蜡烛

蜡烛在花园中的应用场景很广，是烘托氛围的绝佳选择。在户外餐桌上摆放蜡烛，让烛光在黑夜中跳动，既可尽情享受浪漫而温馨的烛光晚宴，也可以将装有慢燃型蜡烛的藤编灯笼悬挂在园中，为花园增添迷人的风情；还可以将漂浮蜡烛放置在游泳池的水面或者将其放置在摆放于各种台面上装水的容器中，漂浮的烛光与晚风相伴，为花园美景增添一抹温情。

灯笼

灯笼作为一种极具特色的照明工具，目前市面上可供选择的品类繁多，如中国传统的宫灯、纱灯、吊灯、走马灯，等等。能够预防强风的防风灯不仅实用，而且用来装点花园也是非常不错的选择。

彩灯

彩灯作为临时性照明设备，最适合在良宵佳节时将其缠绕在花园的树木、围篱或者景墙上面用来烘托节日氛围。一串串闪烁的彩灯，可以为花园带来无穷的韵味。但是，也要注意灯光颜色的选择，尽量避免用蓝色灯光装饰植物。

第 **5** 章

案例赏析

01

W 好莱坞住宅
室外绿化露台

项目地点：美国加州好莱坞
建筑公司：Rios Clementi Hale Studios
设计公司：Theresa Fatino Design
摄影师：Jim Simmons

Rios Clementi Hale Studios 负责为 W 好莱坞住宅建造一个全新的室外绿化露台。这片全新修整的绿化露台位于整栋住宅的顶楼。顶楼的设计富有现代风格的简约美感，木质地板构造的平台以及其他设施的木质结构，令非常出彩的家具和配饰不会与四周的植物景观构成冲突，反而有种整体上的协调感。

为了在有限的空间中创造出宽敞美观的效果以及缓和太阳的直射，设计师特别设置了一片铝制格状遮阳棚。白天的时候，阳光透过遮棚，在棚下的空间里制造出奇妙的光斑图案；而到了夜晚，附近的灯光也透过这块格状金属为整个区域创造出戏剧性的光影效果。

遮棚下的壁炉、沙发和室外煮食区等设施为整栋大楼的住客提供了一片温馨又兼具功能性的空间。

设计师在一片植物景观当中大胆地运用条纹、斑马纹、圆形等显眼图案的软装配饰，并搭配上鲜艳的色彩，令整个项目一下子跳出平庸，充满了活力都市感和戏剧效果。

在泳池畔的边缘设有一条长长的弧形嵌入式重蚁木制平台，上面放置了大量软垫作为日光椅，以供住客在池畔休闲之用。

泳池附近也摆设着许多可移动式重蚁木座椅，以及设计师特别定制的户外火炉，其曲线造型也呼应着日光椅的弧形。四周绿化带的姹紫嫣红也丰富了露台设计的色调、质感和层次感，令露台设计上重复使用的重蚁木材不至于过分单调。

02

**洛杉矶
月桂谷会所**

项目地点：美国加州
建筑／工程公司：Loridennis.com
设计公司：Lori Dennis
摄影师：Ken Hayden

　　会所是洛杉矶月桂谷街区当地历史上第二栋建成的房屋，设计师对房屋进行了完整的改造。客户既享受酒店式居住空间的新鲜感，又热爱居家环境中对自然元素的引入，因此在户外空间当中处处可见设计师对这两种风格的融合。将天然景观引入到闲适而不失精致的居住环境当中，再搭配少许带装饰艺术风格的软装，提升空间整体功能性和美观性。

装饰效果显著的墙饰、花纹以及配色亮丽的软垫均是室外空间中的亮点。花纹和色彩搭配的要点具有强烈装饰性的同时也不能影响整体的和谐，如本项目中便是以深棕为基础色，不同层次的橙、蓝为装饰色的搭配，鲜艳亮丽但不落俗套。

03

红郡御庄的
花园时光

项目地点：杭州市
花园面积：200 m²
设计师：牛静文
设计公司：杭州恒力市政景观艺术有限公司

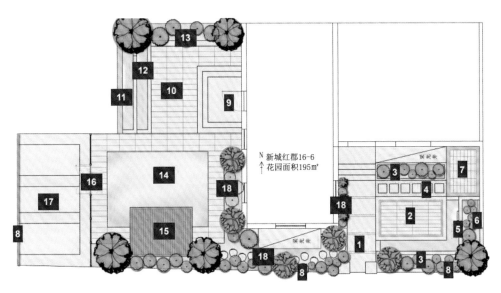

1. 入户铺装　　　　6. 装饰花墙　　　　11. 绿植墙　　　　16. 拱门花架围栏

2. 休闲平台　　　　7. 操作平台　　　　12. 叠水水景　　　17. 菜园

3. 抬高花池　　　　8. 围墙　　　　　　13. 船形木坐凳　　18. 种植花池

4. 规则式汀步　　　9. 入户铺装平台　　14. 阳光草坪

5. 水景　　　　　　10. 地面铺装　　　　15. 休闲木平台

　　花园整体分为前、中、后三个小花园，前院为南向花园，早上阳光充足；侧院朝西，为狭长的通道；后院为西北花园，西面视野开阔，下午阳光充足。

花园前院主要以形象展示、接待功能为主，满足简单的生活需求。后院的面积大，主要休闲功能都集中在后院，分为三个区域，烧烤就餐区、户外休闲区、DIY 有机菜园区。

整个花园的地势较低，和室内标高差几十厘米，因此，设置了一个入户平台，通过台阶从室内过渡到休闲就餐区。在出户的视线焦点处设置不锈钢景观叠水，原有的景墙已经很斑驳，在现有的墙体上增加冲孔铝板的装饰，和水景的不锈钢材料呼应，使这道景墙更加有现代感。

就餐区设计了洗手台和廊架，增加氛围感和私密感。廊架采用白色简约款式，增加了格栅。洗手台用岩板和长城板装饰，整体感觉更加简约时尚、富有现代感。

就餐区对面是休闲区，二者在视线上相呼应。休闲区设置了草坪和木平台，视线开阔，可以作为儿童娱乐空间，也可以在家享受草坪露营。地面的铺装以米黄色为主，穿插黑色线条增加韵律感。

菜园是从客厅望出去的一道风景。在这里我们设计了拱门和围栏，既起到功能分区的作用，也是一个非常好的视线焦点。在欧式的白色木质围栏边种满爬藤月季，待到花开之时，这里将会非常漂亮。

傍晚时分，天色渐渐暗下去，灯光微微亮起来，这是花园最温情的时刻。灯具我们选择了三种，负责主要照明功能的草坪灯、射树灯，负责增加氛围的灯带、串灯、流星灯、蒲公英灯，最后一种是适合家里有小朋友，负责增加趣味性的猫头鹰灯、蜗牛灯，这些都是能增加花园幸福感的物件。

花园里的植物按照四季有景挑选，春季的樱花、月季，夏季的紫薇、绣球，秋季的羽毛枫、鸡爪槭、桂花、果树金橘，冬季的腊梅、火焰卫矛等。通道处选择喜阴植物，以蕨类和玉簪为主。

花园围墙采用铝合金格栅，金属的灰色质感时尚、简约、大气。围栏既是创造私密空间的工具，也是一个很好的植物背景。

希望我们的花园能增加花园主人的幸福感，给他们带来温馨浪漫的花园时光。

04

小白露台改造

项目地点：南京市
花园面积：72 m²
设计师：王国库
设计公司：大苒园林景观设计工程（南京）有限公司

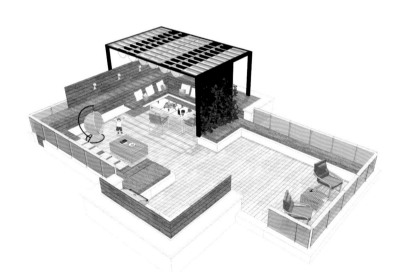

本项目是一个露台改造项目。业主早已入住，露台又在三楼顶部，进出必须经过室内空间，所以拆除工程和材料进出都比较困难。再加上简洁的场地更需要严格的细节把控和对空间的深刻认知，以及业主对花园的高要求和高期待，因此这个项目对我们来说是个不小的挑战。

本项目的优点是露台空间比较规整，且面对大片的山林，观景面很棒。露台是室内生活空间的室外延续，一个高度功能化的露台，需要细化需求来二次组织和分割空间，利用现状设计改造，巧妙地呈现一个轻松的露台花园。

设计之初，我们去现场寻找存在的各种问题，并一一记录分析，整理出可以保留利用的一切基础，感受每一块区域的光照和舒适度，然后回去商讨解决方案。

最终的设计方案，我们保留了全部区域的灰色塑木地板和露台入口区域的观景空间，对花池部分基础进行了二次深化，增加了钢结构廊架户外休闲空间、户外厨房空间、立面格栅遮挡空间、灯光及智能灌溉系统。

05
浪漫的英式花园

项目地点：上海市
设计公司：上海屿汀景观设计有限公司

　　项目位于一个英式风格的居住区内，为了与周围环境融为一体，花园也延续了主建筑的英式风格。白色的主体建筑，绿色的草坪，再增添一些色彩明媚的草花点缀，简洁亦不失精致。

　　前院以草坪植物为主，设置圆形汀步满足日常浇水养护需求。

现场有一个设备箱，我们将它用木栅格遮挡、用草花围绕，作为花园入口的一处小亮点。

从客厅望出去，是琴键形式的汀步、绿油油的草坪和高低错落的植物组合，尽显清新优雅。

　　花园两侧各设置两处停留空间，西南角用方形的花岗岩汀步设置了一处户外就餐区，放置一桌四椅。东南角则是一个白色的木廊架，上方玻璃封顶形成一个半封闭的室内空间，可以在里面喝茶、聊天，让户外生活无惧雨雪天气。

　　春、夏季节，铁线莲和藤本月季盛放，粉色与白色花朵搭配，营造清新梦幻的氛围。廊架里面是女主人DIY 的一个小空间，摆满了多肉植物。

06

巨石酒吧花园

项目地点：上海市
设计公司：上海屿汀景观设计有限公司

本项目是一个啤酒吧的商业花园，业主希望客人们能够悠闲地坐在这里品酒、聊天，消磨一整日的时光，因此这里的环境就显得尤为重要了。面对现存条件的一些不利因素，我们提出了解决方案。

项目的外面就是一排排的停车场，为有效隔离外面的汽车噪声及车灯的影响，我们用 1.8 m 高的黄杨绿篱建立起一堵密实的绿墙，让坐在这里的人们可以不受外界的干扰，依然能享受到城市山林的感觉。

业主要求铺装材料越原始、粗犷越好，于是我们采用了建筑拆下来的旧红砖。经过施工师傅精巧的手艺，将它们处理成圆形、折线、碎拼的红砖纹理。红色圆圈的造型仿佛滴滴水花荡漾开的涟漪，每一个红圆圈里种植一株遮阴树，让人们在炎炎夏日有绿荫可乘。客人围树而坐，品美酒、闻花香、乘树荫，别有一番滋味。

为了让室内能够最大限度地欣赏到室外花园的景色，我们设置了三面高 4 m 的大敞开玻璃门，没有任何遮挡，让户外的绿荫在室内一览无余。植物选用也满足了四季的季相景观，春季有樱花，秋季有红枫，冬季有桂树，四季景致变换不断。冬天让更多的阳光照进来，夏天满足更多的遮阴需求。

这里拒绝一切人工化的东西，尽量体现加州原始、粗犷的特色，所以我们将未经加工的大型原石安置在这里，尽显美式乡村特色。

07

恬园

项目地点：北京市
花园面积：130 ㎡
设计公司：北京和平之礼造园机构

这是一座现代简约风格的花园，园主是一对非常热爱花园生活的年轻夫妇。他们对花园的设计要求为易维护、拥有四季美景、可以聚会，这也是很多园主对花园设计的三个硬性要求。

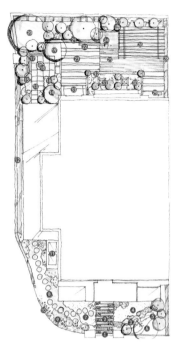

1. 入园门
2. 石板路
3. 日式水钵
4. 砂砾
5. 微地形种植区
6. 现状大树
7. 地被种植
8. 石板汀步
9. 竹丛
10. 花园围栏
11. 空调室外机
12. 植物围篱
13. 石板路径
14. 观赏树
15. 对称式种植区
16. 对称式种植区
17. 木坐凳
18. 烤火盆
19. 观赏树
20. 庭荫树
21. 花园景墙
22. 流水槽
23. 石板铺装
24. 矩形水池
25. 抬高木地板
26. 单臂花架
27. 种植池
28. 花园围篱
29. 户外操作区
30. 白色花境
31. 植物攀爬架
32. 植物围篱
33. 入户门

入户花园为北向，紧邻园区道路，在设计时考虑了私密性以及与园区整体的协调统一关系。以罗汉竹为背景，在花园中打造日式小景观，用园中多余土方来堆出微地形，使得种植景观高低错落。种植耐半阴植物，营造静谧幽静的日式入户花园。

主花园设计为简约现代风格，面积不足 100 m²，在局促的花园中把握空间尺度，确保花园既实用，又四季有景可观赏。勘测场地后，发现花园最大的优势是有充分的采光条件，因此，设计师以光影变化为灵感，在主休闲区设置遮阳棚架，富有线条感的单臂花架在光影变化中投射出变幻的光影效果。与之呼应的格栅结构也应用到了花园景墙的设计中，景墙前后栽植两株枫树，独特的树形、变化丰富的叶色在季节的变化中呈现出丰富的视觉效果。

花园的休闲区分别为东西两侧一主一次，兼顾到园主的生活需求。主休闲区为满足园主聚会的场地，次休闲区为集读书、烤火等功能为一体的多功能区。花园水池连接景墙与主休闲区，跌水从景墙流至水池中产生的声响，在炎热的夏天特别宜人。

精心的花园照明设计既满足了园主的聚会需要，也增加了花园使用频次。由洗墙灯、照树灯、踢脚灯等灯具组成的照明系统，让花园在夜晚呈现出另一番精彩迷人的景象，为园主带来更为舒适的花园生活体验。

植物景观在花园中起到至关重要的作用。樱花、海棠、紫薇等春夏次第开放，而秋季是观赏主景树枫树和蓝杉的季节。花境的设计也有所考究，蓝白色系的宿根花草（萎蕤、月季、喷雪花、柳叶白菀、假龙头、蓝盆花等）在窗前形成浪漫轻盈的花境，视觉效果上延长了花园的景深。

08

木香花园餐厅
屋顶花园

项目地点：杭州市
花园面积：245 m²
设计师：牛静文
设计公司：杭州恒力市政景观艺术有限公司

这个屋顶花园是一个商场的露台，为餐厅后门入口的一部分。我们把"营造趣味的就餐体验，打造精致的花园餐厅"作为设计理念。把整个场地作为一个户外花园餐厅，从花境的营造、户外家具的摆放、园艺饰品的软装搭配、灯光音响的氛围营造等方面，提升客人在花园餐厅就餐的体验感。

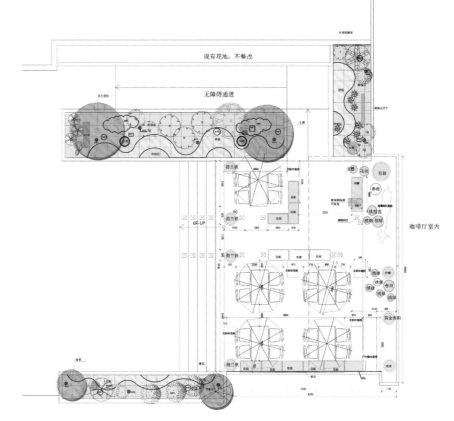

门头增加发光字，定制带标识的花箱和桌灯。一个品牌的餐厅，有自己的花园景观视觉识别系统，充分体现了它的独特和个性，能更好地增强品牌的辨识度。

花园整体色调是偏清新淡雅的，餐厅定位偏年轻化，花境的植物色彩选用整体偏蓝紫色，点缀粉色、黄色，看起来有英式花园的感觉。

除了选用基础的射树灯、草坪灯，还选了装饰的麦穗灯、灯带、球型灯、风灯等，为花园里的夜景增添了些许浪漫的氛围。

水是有灵性的，也是财的象征，根据现场的情况选择了成品的内循环水景。水不断涌出来，有种财源滚滚来的寓意。

花园里当然不能少了户外音响，除了潺潺的流水声，还要有悠扬的音乐，配上这繁华的都市夜景，在花园餐厅里和爱人好好享受这一桌丰盛的美食。

现在在餐厅吃饭都有打卡点，我们也设计了一个打卡座位。请了两个当红卡通玩偶，可妮兔和 Molly 公主，很受小朋友喜欢。花池里还有两只小兔子玩偶玩耍，到了晚上还能发光。小朋友都争着要和兔子拍照。

09

绿色主体
庭院空间

设计师：Jim Fogarty
设计公司：Jim Fogarty Design

Jim 在设计这座小花园的时候打算让硬景观的颜色保持单纯，通过白、灰、黑各色的混搭，硬材料在花园各种各样有趣的植物中形成一幅简单的背景。

由于房子是二层的，铺砌布局展开从而在第二层俯瞰的时候显得更加有趣。在设计时避免直线路径，同时在块装之间运用不同颜色，使它们相互连接。在水池庭园里，一块裂面青鹅卵石被用来软化并消除潜在的小空间院子带来的局促感。鹅卵石间的填补物同样标志了从四面八方汇聚而来的集中在庭院中心的视线。

车库和庭园之间的分割物是一条 1.2 m 长的篱笆，同时也作为水池的安全护栏。池塘水景墙被双面凿刻过的火山岩石包裹着，水顺着水景墙跌落到下面的池塘，在夜晚的灯光下营造出波光粼粼的效果。

白天，这座现代花园与房屋很好地融合在一起，而到了晚上，Light on Landscape 公司创新性的照明设计让色彩柔和的花园转变为一处适合任何活动的户外娱乐区。蓝色灯光照亮了栏杆下面双面凿刻的火山岩石，而另一盏蓝色 LED 灯在户外淋浴上照耀下来。上照灯为紫竹注入生机，蓝色池灯将花园笼罩，营造出一个环抱空间。通过利用车库空间，主人可以邀请更多客人，这是一个使有限空间最大化的好方法。

对于前庭，Jim 打算建造一座大型花坛，在里面种植许多有趣的绿叶植物。既不允许添加更多的铺砌，也不愿意铲除一块小草坪，Jim 漂亮地在绿叶植物中搭建了一块深色浮动景观木台。一个大容量的雨水收集槽被隐藏在前庭的地下用于灌溉。

10

温泉民宿
——合缦居

项目地点：腾冲市
花园面积：180m²
设计师：宋海波
设计公司：苏州纵合横空间景观设计有限公司

此案是一个坐落于云南省腾冲市的中式合院，花园面积为 180 m²。庭院分为上下两层，一楼主要为公共区域以及客房。

在一层花园中，营造入院后的仪式感尤为重要。一艘船形的石材水景置于门厅对景处，颇像在洱海中停泊的一叶扁舟。一组三个彩色陶罐跃于其上，汩汩涌泉出其中，安静而祥和。再往墙面看去，原本高耸的围墙显得庭院过于拘谨，设计后的围墙，有了水景陶罐的高度修饰，再加上一组 L 形竹板雕刻，顿时使得整个空间的空灵感油然而生。

在一楼客房区域，面对狭窄的空间，我们想到的是其得天独厚的私密性，所以做了一组单人泡池。日式的竹筒流出温暖的天然温泉水，在这四季如春的地方非常浪漫。抬首便是蓝天白云，躺在其中无比的舒适。

二楼庭院是整个合院的中心活动区域。抬升式的水池让景观更加有层次感，无边的循环溢水水池让整个花园充满无限的生机。一条汀步路漂浮在水池上，踏着汀步便可以到达水的中心区域，这也是合缦居的灵魂所在。那是一座古典中式的四角亭，纯白、唯美的纱幔挂于柱子两侧，当解开纱幔的那一刹那，是多么的美好！为了增强氛围感，我们在水中增添了雾森系统，仙气萦绕的感觉会让人觉得这就是仙境。

　　二楼庭院分为东、西两部分，其间由一过道连接。过道中做了前、后两个屏风墙体，用来进行错位遮挡，这样既保证了东、西院各自的私密性，同时也增加了神秘感，让人想一窥究竟。通过过道，我们透过一个圆洞，便可看到东院的大概样貌。再前行，则豁然开朗。东院是户外聚会区，开阔的空间环境与自然的日式景观相融合。在户外参加派对的时候可以欣赏到如此美景，也算是怡然自得了。

11

岚园

项目地点：北京市
花园面积：132 m²
设计公司：北京和平之礼造园机构

1. 建筑出入口

2. 木平台

3. 操作台

4. 儿童娱乐区

5. 种植区

6. 菜箱

7. 水景

8. 绿篱

9. 休闲廊架

10. 竹池

11. 规则汀步

12. 花园出口

13. 种植区

14. 洗手钵

15. 绿岛

16. 汀步

17. 灰色碎石

18. 茶室

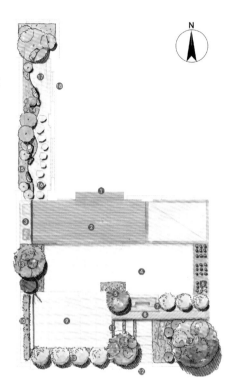

这座花园位于中央世家别墅区内，建筑为欧式风格。花园呈 L 形，南侧花园为主花园，西侧花园较窄，与茶室相连。园主家庭成员较多，需要大面积的活动场地，并愿意减少植被面积来满足活动空间。基于上述现状条件，我们对花园进行了设计。

　　主花园整体格调简约，采用简洁的构图规划功能分区，搭配整齐易打理的植物，让花园处处有景且各有不同。为满足足够的家庭娱乐活动空间，花园内设置了三处大小不等的休闲区域。因花园地形有一定高差，设计中巧妙地利用地形高差做挡土墙和水景，让休闲区与其他地面错层，使花园立面层次丰富。

三处休闲区域处于三个地形高度上，采用不同的铺装材质来进行区分。休闲廊架整体造型简约，顶棚采用钢化玻璃来封闭，雨天也能在廊架内小坐。棚架中设置遮阳帘遮挡阳光，廊架背后竹丛环抱。自然英式花境设置在东南角，花园出口两侧，既可以满足女园主的种植需求，又能保持主要休闲区的简约风格。

西侧窄道区域花园为日式风格。利用竹格栅做背景，堆岛做地形，放置叠石，点缀植物，洗手钵呈现流水潺潺景象，营造出浓浓的禅意意境。

12

招商雍华府

项目地点：上海市
花园面积：130 m²
设计师：赵滢雪
设计公司：上海隽庭工程设计有限公司

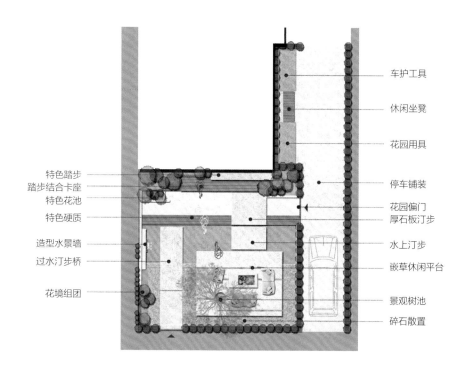

特色踏步
踏步结合卡座
特色花池
特色硬质

造型水景墙
过水汀步桥

花境组团

车护工具
休闲坐凳
花园用具

停车铺装
花园偏门
厚石板汀步
水上汀步
嵌草休闲平台
景观树池
碎石散置

业主比较喜欢干净简约有设计感的现代风格。入院到入户地形有较大的高差，所以台阶的设计是重点。原本 5 级台阶的高差，因为台阶宽度只有 30 cm，所以坡度比较陡。在设计中，将台阶宽度加至 60 cm，台阶立面用矮墙和花池来弱化高差，同时设计了入户台地花园来缓和高差。

整个花园采用同类色石英砖，再用木制品穿插，做一个软化处理，让这个花园的设计简约中又富于变化。

业主期待的水景，我们与休闲区结合设计，并利用水上汀步连接两个景观。水景水池沿用了地面铺装的石材颜色，同时所有立面采用折纸的概念，用 45° 切角拼接，既突出了现代简约风格的线条感，又突出了高差变化，整个景观空间更加协调统一。

植物配置上没有设计大面积的植物和草坪，保留了休闲区的现状植物，用玻璃屏风做背景，景墙和绿篱呼应，光影效果很好。

13

曼哈顿住宅
室外生活露台

项目地点：美国纽约曼哈顿
设计师：Luis Caicedo
摄影师：Michael Rogers

混搭复古的家用饰品、跳蚤市场上淘来的小玩意和缤纷多彩的当代元素配件，构成了本项目悠闲惬意、多姿多彩的假日氛围，这里是周末呼朋唤友共聚一堂的理想场地，亦是一天紧张工作后舒缓放松的绝佳场所。

本项目的业主本身就是一位建筑师，品位独特的她挑选了许多复古风格的饰品为露台做装饰，并将一些旧家具重新刷上鲜艳的颜色，如学校用椅、小橱柜、客厅旧家具等，并摆设到这个室外空间里。露台里摆设了一些设计单品，如史塔克边桌、有趣的枕垫套、农家市场上买来的鲜花以及现代风格的陶器等，而栅栏上镶嵌的大型圆镜也为本项目增添了不少戏剧性氛围。另外，色彩与绿色植物的搭配运用也令这一小片都市空间充满生机。别具一格的软装搭配令整个室外空间充满重新演绎的复古风格与现代风格。

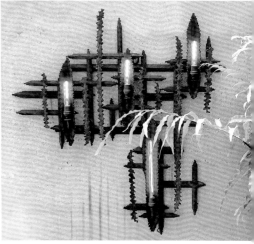

14

远离喧嚣的
鸟巢庭院

设计公司：Nelson Byrd Woltz Landscape Architects

这个房子有四个花园，是全家人的心灵栖所，年轻的父母希望自己的孩子在这里学到关于昆虫和鸟类的知识。巢是这里的比喻，这里能感受四季，认识各种物种并了解它们。是城市环境中的原生植物绿洲，让人身临其境地体验关于自然的一切，水、动物栖息地、植物、花盆、道路、家具都无一不协调统一。

一楼的院子是主要起居空间的延伸，这里满是葱郁的绿色。植物的阴影落在地面上，墙面上爬着常春藤。一排银杏树将空间分成两个部分，加深了景深。铺装轻轻深入尽头，停在循环式壁泉前。旁边是超大的刺槐木支撑的编织椅子，就像一个鸟巢一样，坐拥在苍翠的鸵鸟蕨和夫人蕨等蕨类植物当中。这些植物在施工前就有了，施工时被转移，施工完成后再重新栽植回现场。

四楼儿童花园，柚木挡板围合成一个私密空间，为儿童提供一个安全的奇幻天地。

柚木条的垂直墙遮蔽附近住宅视线，同时固定在上面的大黑板与其他固定在墙上的植物形成有趣的对比。这里的常绿多年生植物让空间充满活力。最上层的花园，围着柚木制成的保护栏，这也是屋顶花园的形象工程之一。有些柚木条稍微向内凹陷，这些不同造型的柚木条形成迷人的光影。最上面的屋顶花园有两层，通过一个节点优美的楼梯相连，楼梯扶手是柚木的，用钢缆做保护线，踏步则是青石板。柚木保护栏有着滑动面板，打开之后可以看见附近教堂的尖顶，这使得屋顶花园的空间感瞬间改变。夏日清晨，闭合的柚木栏板为花园遮挡阳光。沿露台北侧设置了绿色的植物屏障。

　　一层花园被银杏从中间分开。左侧是安静的角落，有着鸟巢一样的编织凳子。室内石材地板一直延续到花园深处的循环喷泉前。俯瞰一层花园，材料色调丰富。六楼的垂直绿墙宛如艺术品。临近绿墙放置了儿童沙池。

可开启的柚木栏板，在开启后可以看到附近教堂的尖顶。木材动态精致的细节，是受到自然界鸟巢形态的启发。

原生草本植物就是七楼露台和外面环境的半透明屏障。地板的铺装方式仿佛和附近教堂屋顶的石材连接在了一起。七楼的植物主要是本地多年生芳香植物，另外还有一列河桦。

从稍低一层的屋顶花园往上一层，就会越过柚木栏板看见露台和整个城市空间连在一起，就像接壤般，屋顶花园的青石板通往教堂的石屋顶。墙上的多层次种植让空间更为丰富，西侧的桦树挡住西晒，喜阳的草甸草生机勃勃。繁茂的自然植物与精致的柚木围栏形成鲜明对比，这是中央公园附近一个有着丰富感官体验的花园。

外观呈阶梯状的花园内部有靠着花盆放置的低矮家具，让人身处纯粹绿界。

图片来源说明

P6 图、P78 上图：Secret Garden 设计，Jason Busch 摄影

P7 图： Toby Watson Architects 设计

P28 图、P29 图：Newton Concepts、Jennifer Newton 设计，Felix Ng 摄影

P30 上图：《顶级别墅外观 3》

P30 下图：生活园林景观设计

P44 图：Rockwell Group 设计，Eric Laignel 摄影

P45 左上图、左下图、右下图：Burle、Yates Design 设计，Barry Fitzgerald 摄影

P45 右上图：Arch-Interiors Design Group Inc. 设计，Michael McCreary 摄影

P46 图、P47 图、P78 右下图：Bill Bocken Architecture、Interior Design 设计，Shelley Metcalf 摄影

P66 下图、P78 左下图：Martin Raffone 设计，Martin Raffone 摄影